T/CAGHP 046—2018

目　次

前言 ⋯⋯⋯⋯⋯⋯⋯⋯⋯⋯⋯⋯⋯⋯⋯⋯⋯⋯⋯⋯⋯⋯⋯⋯⋯⋯⋯⋯⋯⋯⋯⋯⋯⋯⋯⋯⋯⋯ Ⅲ
引言 ⋯⋯⋯⋯⋯⋯⋯⋯⋯⋯⋯⋯⋯⋯⋯⋯⋯⋯⋯⋯⋯⋯⋯⋯⋯⋯⋯⋯⋯⋯⋯⋯⋯⋯⋯⋯⋯⋯ Ⅳ
1　范围 ⋯⋯⋯⋯⋯⋯⋯⋯⋯⋯⋯⋯⋯⋯⋯⋯⋯⋯⋯⋯⋯⋯⋯⋯⋯⋯⋯⋯⋯⋯⋯⋯⋯⋯⋯⋯ 1
2　规范性引用文件 ⋯⋯⋯⋯⋯⋯⋯⋯⋯⋯⋯⋯⋯⋯⋯⋯⋯⋯⋯⋯⋯⋯⋯⋯⋯⋯⋯⋯⋯⋯⋯⋯ 1
3　术语和定义 ⋯⋯⋯⋯⋯⋯⋯⋯⋯⋯⋯⋯⋯⋯⋯⋯⋯⋯⋯⋯⋯⋯⋯⋯⋯⋯⋯⋯⋯⋯⋯⋯⋯⋯ 1
4　总则 ⋯⋯⋯⋯⋯⋯⋯⋯⋯⋯⋯⋯⋯⋯⋯⋯⋯⋯⋯⋯⋯⋯⋯⋯⋯⋯⋯⋯⋯⋯⋯⋯⋯⋯⋯⋯ 2
　　4.1　一般规定 ⋯⋯⋯⋯⋯⋯⋯⋯⋯⋯⋯⋯⋯⋯⋯⋯⋯⋯⋯⋯⋯⋯⋯⋯⋯⋯⋯⋯⋯⋯⋯⋯ 2
　　4.2　目的任务 ⋯⋯⋯⋯⋯⋯⋯⋯⋯⋯⋯⋯⋯⋯⋯⋯⋯⋯⋯⋯⋯⋯⋯⋯⋯⋯⋯⋯⋯⋯⋯⋯ 2
　　4.3　监测程序 ⋯⋯⋯⋯⋯⋯⋯⋯⋯⋯⋯⋯⋯⋯⋯⋯⋯⋯⋯⋯⋯⋯⋯⋯⋯⋯⋯⋯⋯⋯⋯⋯ 2
　　4.4　监测分级 ⋯⋯⋯⋯⋯⋯⋯⋯⋯⋯⋯⋯⋯⋯⋯⋯⋯⋯⋯⋯⋯⋯⋯⋯⋯⋯⋯⋯⋯⋯⋯⋯ 3
　　4.5　工作内容 ⋯⋯⋯⋯⋯⋯⋯⋯⋯⋯⋯⋯⋯⋯⋯⋯⋯⋯⋯⋯⋯⋯⋯⋯⋯⋯⋯⋯⋯⋯⋯⋯ 4
　　4.6　监测的基本要求 ⋯⋯⋯⋯⋯⋯⋯⋯⋯⋯⋯⋯⋯⋯⋯⋯⋯⋯⋯⋯⋯⋯⋯⋯⋯⋯⋯⋯⋯⋯ 4
5　监测内容 ⋯⋯⋯⋯⋯⋯⋯⋯⋯⋯⋯⋯⋯⋯⋯⋯⋯⋯⋯⋯⋯⋯⋯⋯⋯⋯⋯⋯⋯⋯⋯⋯⋯⋯ 5
　　5.1　一般规定 ⋯⋯⋯⋯⋯⋯⋯⋯⋯⋯⋯⋯⋯⋯⋯⋯⋯⋯⋯⋯⋯⋯⋯⋯⋯⋯⋯⋯⋯⋯⋯⋯ 5
　　5.2　滑坡监测 ⋯⋯⋯⋯⋯⋯⋯⋯⋯⋯⋯⋯⋯⋯⋯⋯⋯⋯⋯⋯⋯⋯⋯⋯⋯⋯⋯⋯⋯⋯⋯⋯ 5
　　5.3　地面塌陷监测 ⋯⋯⋯⋯⋯⋯⋯⋯⋯⋯⋯⋯⋯⋯⋯⋯⋯⋯⋯⋯⋯⋯⋯⋯⋯⋯⋯⋯⋯⋯⋯ 6
　　5.4　地面沉降监测 ⋯⋯⋯⋯⋯⋯⋯⋯⋯⋯⋯⋯⋯⋯⋯⋯⋯⋯⋯⋯⋯⋯⋯⋯⋯⋯⋯⋯⋯⋯⋯ 6
　　5.5　地裂缝监测 ⋯⋯⋯⋯⋯⋯⋯⋯⋯⋯⋯⋯⋯⋯⋯⋯⋯⋯⋯⋯⋯⋯⋯⋯⋯⋯⋯⋯⋯⋯⋯⋯ 7
6　监测方法 ⋯⋯⋯⋯⋯⋯⋯⋯⋯⋯⋯⋯⋯⋯⋯⋯⋯⋯⋯⋯⋯⋯⋯⋯⋯⋯⋯⋯⋯⋯⋯⋯⋯⋯ 7
　　6.1　一般规定 ⋯⋯⋯⋯⋯⋯⋯⋯⋯⋯⋯⋯⋯⋯⋯⋯⋯⋯⋯⋯⋯⋯⋯⋯⋯⋯⋯⋯⋯⋯⋯⋯ 7
　　6.2　地下水平位移 ⋯⋯⋯⋯⋯⋯⋯⋯⋯⋯⋯⋯⋯⋯⋯⋯⋯⋯⋯⋯⋯⋯⋯⋯⋯⋯⋯⋯⋯⋯⋯ 8
　　6.3　地下垂向位移 ⋯⋯⋯⋯⋯⋯⋯⋯⋯⋯⋯⋯⋯⋯⋯⋯⋯⋯⋯⋯⋯⋯⋯⋯⋯⋯⋯⋯⋯⋯⋯ 9
　　6.4　地下收敛变形 ⋯⋯⋯⋯⋯⋯⋯⋯⋯⋯⋯⋯⋯⋯⋯⋯⋯⋯⋯⋯⋯⋯⋯⋯⋯⋯⋯⋯⋯⋯⋯ 10
　　6.5　地下结构面变形 ⋯⋯⋯⋯⋯⋯⋯⋯⋯⋯⋯⋯⋯⋯⋯⋯⋯⋯⋯⋯⋯⋯⋯⋯⋯⋯⋯⋯⋯⋯ 11
　　6.6　硐轴变形 ⋯⋯⋯⋯⋯⋯⋯⋯⋯⋯⋯⋯⋯⋯⋯⋯⋯⋯⋯⋯⋯⋯⋯⋯⋯⋯⋯⋯⋯⋯⋯⋯ 11
　　6.7　钻孔轴向变形 ⋯⋯⋯⋯⋯⋯⋯⋯⋯⋯⋯⋯⋯⋯⋯⋯⋯⋯⋯⋯⋯⋯⋯⋯⋯⋯⋯⋯⋯⋯⋯ 12
　　6.8　钻孔侧向变形 ⋯⋯⋯⋯⋯⋯⋯⋯⋯⋯⋯⋯⋯⋯⋯⋯⋯⋯⋯⋯⋯⋯⋯⋯⋯⋯⋯⋯⋯⋯⋯ 13
7　监测频率 ⋯⋯⋯⋯⋯⋯⋯⋯⋯⋯⋯⋯⋯⋯⋯⋯⋯⋯⋯⋯⋯⋯⋯⋯⋯⋯⋯⋯⋯⋯⋯⋯⋯⋯ 14
　　7.1　一般规定 ⋯⋯⋯⋯⋯⋯⋯⋯⋯⋯⋯⋯⋯⋯⋯⋯⋯⋯⋯⋯⋯⋯⋯⋯⋯⋯⋯⋯⋯⋯⋯⋯ 14
　　7.2　监测频率 ⋯⋯⋯⋯⋯⋯⋯⋯⋯⋯⋯⋯⋯⋯⋯⋯⋯⋯⋯⋯⋯⋯⋯⋯⋯⋯⋯⋯⋯⋯⋯⋯ 14
8　数据整理和成果汇交 ⋯⋯⋯⋯⋯⋯⋯⋯⋯⋯⋯⋯⋯⋯⋯⋯⋯⋯⋯⋯⋯⋯⋯⋯⋯⋯⋯⋯⋯⋯ 14
　　8.1　一般规定 ⋯⋯⋯⋯⋯⋯⋯⋯⋯⋯⋯⋯⋯⋯⋯⋯⋯⋯⋯⋯⋯⋯⋯⋯⋯⋯⋯⋯⋯⋯⋯⋯ 14
　　8.2　数据采集和格式 ⋯⋯⋯⋯⋯⋯⋯⋯⋯⋯⋯⋯⋯⋯⋯⋯⋯⋯⋯⋯⋯⋯⋯⋯⋯⋯⋯⋯⋯⋯ 15
　　8.3　数据处理 ⋯⋯⋯⋯⋯⋯⋯⋯⋯⋯⋯⋯⋯⋯⋯⋯⋯⋯⋯⋯⋯⋯⋯⋯⋯⋯⋯⋯⋯⋯⋯⋯ 15
　　8.4　成果汇交 ⋯⋯⋯⋯⋯⋯⋯⋯⋯⋯⋯⋯⋯⋯⋯⋯⋯⋯⋯⋯⋯⋯⋯⋯⋯⋯⋯⋯⋯⋯⋯⋯ 15

附录A（规范性附录） 地质灾害体稳定状态评判表 ……………………………………… 18
附录B（规范性附录） 仪器及测量精度 …………………………………………………… 20
附录C（规范性附录） 监测点安装埋设技术要求 ………………………………………… 21
附录D（资料性附录） 监测数据样表 ……………………………………………………… 26
附录E（资料性附录） 观测数据二次检验的统计分析方法 ……………………………… 29
附录F（资料性附录） 地质灾害地下变形监测成果报告提纲 …………………………… 31

前言

本规程按照 GB/T 1.1—2009《标准化工作导则 第1部分:标准的结构和编写》给出的规则起草。

本规程附录 A、B、C 为规范性附录,附录 D、E、F 为资料性附录。

本规程由中国地质灾害防治工程行业协会提出并归口。

本规程起草单位:中国科学院武汉岩土力学研究所、山东大学、云南省交通规划设计研究院、中国建筑股份有限公司技术中心、中国电力建设集团成都勘测设计研究院有限公司、福建省交通建设工程试验检测有限公司、中国矿业大学。

本规程主要起草人:焦玉勇、谭飞、张国华、张强勇、王浩、郭小红、李术才、刘永才、李志厚、张世殊、郑也平、靖洪文、覃卫民、江权、汤华、张秀丽、田湖南、李亚军、王迎超、曾庆有、杨圣奇、冉从彦、张伟。

本规程由中国地质灾害防治工程行业协会负责解释。

引 言

为规范地质灾害地下变形监测工作，提高地质灾害地下变形监测水平，统一工作方法与技术要求，确保监测工作安全适用、准确可靠、技术先进、经济合理，结合我国地灾灾害特点，特制定本规程。

本规程在充分调研国内外地下变形监测技术标准和较为成熟的技术方法基础上，通过专题研究，总结地质灾害地下变形监测实践经验和科研成果，广泛征求全国有关单位和专家的意见，经反复修改完善，最终审查定稿。

本规程对地质灾害地下变形监测的目的和程序、监测分级、监测内容、监测方法、监测频率、成果整理进行了规定，并对地下变形监测的技术方法和相关监测设备现场安装埋设提出了具体的技术要求。

地质灾害地下变形监测技术规程(试行)

1 范围

本规程规定了利用已有的或专门建造的地下构筑物,如探洞、锚洞、巷道、井筒、城市地下管廊、交通隧道、水电硐室等,布设观测点,使用观测仪器进行地质灾害地下变形监测的相关监测项目、监测方法、测点布设以及监测资料整理工作的技术要求。

本规程适用于地质灾害防治工程行业中滑坡、地裂缝、地面沉降、地面塌陷等地质灾害体的地下变形监测,以及针对受地质灾害威胁的地下构筑物开展的地下变形监测工作。崩塌、泥石流及其他行业的地质灾害地下变形监测可参照此规程执行。

地质灾害地下变形监测除应符合本规程的规定外,还应符合国家现行有关标准、规范的规定。

2 规范性引用文件

下列文件对于本规程的应用是必不可少的。凡是注日期的引用文件,仅所注日期的版本适用于本规程。凡是不注日期的引用文件,其最新版本(包括所有的修改单)适用于本规程。

GB 50026　工程测量规范

DZ/T 0238　地质灾害分类分级标准

DZ/T 0286　地质灾害危险性评估规范

3 术语和定义

下列术语和定义适用于本规程。

3.1

地下变形监测 underground deformation monitoring

对地质灾害体地面以下部分及受地质灾害影响的地下构筑物(探洞、锚洞、巷道、井筒、城市地下管廊、交通隧道、水电硐室等)的变形进行周期性或实时的观察和测量。

3.2

地下水平位移 underground horizontal displacement

因地质灾害引发的地下岩土体和构筑物的水平位移变形,如岩土体的水平移动、地下构筑物水平位移等。

3.3

地下垂向位移 underground vertical displacement

因地质灾害引发的地下岩土体和构筑物的垂直方向上的位移变形,如岩土体的分层沉降、地下构筑物垂向变形(包括拱顶沉降、底鼓、边墙的垂向变形)等。

3.4

地下收敛变形 underground convergence deformation

因地质灾害引发的地下岩土体和构筑物边界任意两点之间的相向位移。

3.5 地下结构面变形 underground structural plane deformation

因地质灾害引发的地下岩土体结构面(带)、地下岩土体和构筑物裂缝两侧的相对位移，包括张开、闭合、错动、升降等。

3.6 洞轴变形 axial deformation of underground tunnel

因地质灾害引发的地下构筑物的洞室轴线的平动和转动。

3.7 钻孔轴向变形 axial deformation of borehole

沿钻孔轴向方向的变形，如滑动测微计、多点位移计、离层仪等监测的轴向变形。

3.8 钻孔侧向变形 radial deformation of borehole

监测孔内测点与轴线之间的偏移幅度。

4 总则

4.1 一般规定

4.1.1 地质灾害地下变形监测宜由地质灾害主管部门或责任单位委托具备相应能力的单位实施。

4.1.2 地质灾害地下变形监测应综合考虑地质灾害产生的地质背景、形成条件、稳定状态、危害等级、工程特点等，制订合理的监测方案，精心组织和实施。

4.1.3 监测单位编制的监测方案应经地质灾害主管部门或责任单位认可后方可实施。

4.1.4 对于地质灾害影响范围内已经存在地下构筑物的情况，可优先采用地下变形监测。

4.1.5 地下变形监测应结合地表变形监测进行，且与地表变形、地下水位监测相协调，以方便数据利用。

4.2 目的任务

4.2.1 监测滑坡、地面塌陷、地面沉降和地裂缝等地质灾害形成演变过程中的地下变形特征，分析影响因素，评价地质灾害体稳定状态和发展趋势，为地质灾害防治的工程勘查、设计、施工，以及生产方案的决策提供依据。

4.2.2 监测受滑坡、地面塌陷、地面沉降和地裂缝等地质灾害影响的探洞、巷道、井筒、城市地下管廊、交通隧道、水电硐室等地下构筑物的变形特征，分析影响因素，评价地下构筑物稳定状态和变形发展趋势，为监测预警和防灾减灾决策提供基础数据。

4.3 监测程序

4.3.1 应在资料收集的基础上，进行野外踏勘，编制监测方案，布设监测工程，开展监测工作；分析、汇总监测数据，编制监测成果报告及图件。监测工作流程见图1。

4.3.2 资料收集应包括地形地貌、水文气象、水文地质及工程地质、待保护对象等地质环境资料，区内已有的相关测量、监测及灾害防治资料等；应收集区内枯水期与丰水期地下水年开采总量资料；应收集区内地下采空区的空间分布特征资料；应收集相关区域内岩溶分布与发育规律资料。

4.3.3 野外踏勘应复核相关资料与现状的关系和符合程度，确定地下变形监测项目现场实施的可

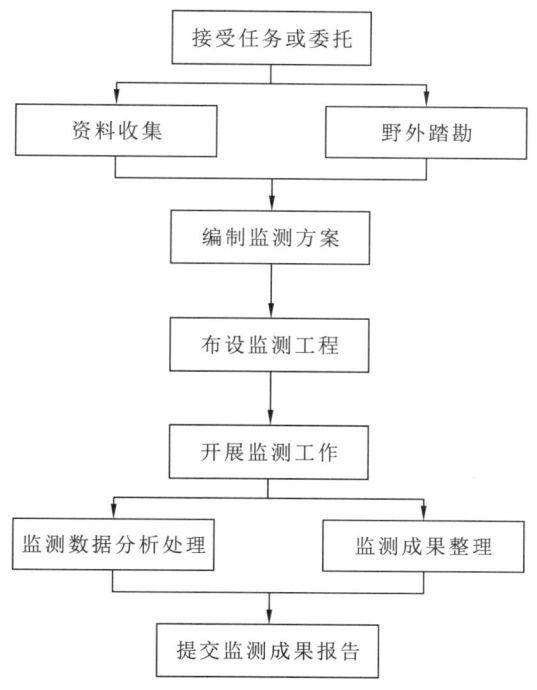

图 1 监测工作流程图

行性,现场调查地质灾害发育特征、地形地貌条件、水文地质、工程地质条件及工程活动等。

4.3.4 监测方案编制应以地质灾害主管部门或责任单位下达的任务书或合同为依据,并应得到批准后实施。监测方案内容应包括地质灾害类型及分级、监测内容、监测方法等。

4.3.5 布设监测工程应包括仪器设备校准、测点的埋设和验收等。

4.3.6 开展监测工作包括监测数据的采集、处理、分析反馈及测点的维护。

4.3.7 提交监测报告包括根据要求提交的周报、月报、年报,以及必要时提交的日报、警报和专题报告等。

4.3.8 当判定监测对象已处于稳定状态时,经地质灾害主管部门或责任单位批准后,可结束监测。

4.4 监测分级

4.4.1 地质灾害地下变形监测分级应根据地质灾害体的稳定状态及危害程度等因素,按表1综合确定。

表 1 地质灾害地下变形监测分级表

地质灾害体的稳定状态	危害程度		
	大	中等	小
不稳定	监测一级	监测一级	监测二级
欠稳定	监测一级	监测二级	监测三级
稳定	监测二级	监测三级	/
注1:地质灾害应急抢险项目的地下变形监测级别应直接定为一级。			
注2:危害等级见表2。			

4.4.2 地质灾害体稳定状态宜通过地质灾害勘查及危险性评估确定。当无相关资料时,地质灾害体稳定状态可按附录A确定。

4.4.3 地质灾害危害程度应根据经济损失或危害人群数量按表2综合确定,参见《地质灾害危险性评估规范》(DZ/T 0286)。

表 2 地质灾害危害程度分级表

危害程度	灾情		险情	
	死亡人数/人	直接经济损失/万元	受威胁人数/人	可能直接经济损失/万元
大	≥10	≥500	≥100	≥500
中等	>3～<10	>100～<500	>10～<100	>100～<500
小	≤3	≤100	≤10	≤100

注1:灾情,指已发生的地质灾害,采用"死亡人数""直接经济损失"指标评价。
注2:险情,指可能发生的地质灾害,采用"受威胁人数""可能直接经济损失"指标评价。
注3:危害程度采用"灾情"或"险情"指标评价。

4.4.4 在监测实施过程中,若地质灾害体的稳定状态发生变化时,地质灾害的监测级别宜按4.4.1条进行调整。

4.5 工作内容

4.5.1 在已经发生过且可能继续或再次发生地质灾害,或者有可能发生地质灾害并且威胁人民生命财产安全的地区,根据需要建立相应的地质灾害地下变形监测系统。

4.5.2 用专业的仪器设备对地质灾害的地下变形按设定的频率进行实时或周期性的观测。

4.5.3 通过数据处理提供地下变形观测点的地下水平位移、地下垂向位移、地下收敛变形、地下结构面变形、硐轴变形、钻孔轴向变形及钻孔侧向变形等动态数据,分析掌握地质灾害的地下变形动态,并预测发展趋势。

4.5.4 编制地质灾害地下变形监测工作的成果报告,并按要求归档。

4.6 监测的基本要求

4.6.1 地质灾害地下变形监测工作应按经批准的监测设计书实施。

4.6.2 地质灾害地下变形监测应根据监测级别确定监测项目、监测网点、监测方法、精度要求及监测频率。监测方法及精度宜根据地质灾害地下变形的不同阶段适当调整。

4.6.3 地质灾害地下变形监测应按确定的观测期与总次数进行观测。地下变形监测频率与监测期的确定应以能系统反映地质灾害地下变形的重要变化过程而又不遗漏其变化时刻为原则,并综合考虑单位时间内变形量的大小、变形特征、观测精度要求及外界因素影响情况。

4.6.4 监测仪器、设备和元器件应符合下列规定:
  a) 满足监测精度和量程要求,且应具有良好的稳定性和可靠性;
  b) 应定期进行检定或校准;
  c) 元器件应在使用前进行标定,且标定资料和校核记录齐全,并应在规定的校准有效期内使用;
  d) 监测过程中应定期进行监测仪器、设备的维护保养、标定及检查。

4.6.5 在地质灾害地下变形监测期间,应对地质灾害体区域的基准点、工作基点、变形观测点进行巡视检查,若发现异常应采取必要的补救措施或对策。巡视检查的内容宜包括以下内容：
  a) 基准点、观测点是否完好；
  b) 监测元器件是否完好及保护情况；
  c) 基准点、控制点、工作基点、观测点的地形地貌有无变化；
  d) 有无影响观测工作的障碍物。

4.6.6 地质灾害地下变形监测除应符合本规程的规定外,尚应符合国家现行有关标准的规定。

5 监测内容

5.1 一般规定

5.1.1 应根据地质灾害的类型、成因、规模、地质条件、环境条件、危害程度以及工程特点等合理确定地下变形监测方案。监测方案应包含以下内容：
  a) 任务来源；
  b) 自然条件及地质环境；
  c) 地质灾害类型、特征及成因、监测分级；
  d) 监测内容与监测方法；
  e) 监测网点布设；
  f) 仪器设备及安装；
  g) 监测精度和频率；
  h) 监测资料整理的要求；
  i) 监测队伍组成。

5.1.2 地下变形监测方案应与相关监测方案相协调,监测项目及监测点布置应满足灾害分析评估需要,监测周期与频率应满足灾害区域安全管理需要。当地质灾害与降雨、施工开挖等相关时,应注意相关数据收集。

5.1.3 地下变形监测(网)点的位置应能反映监测对象的变化趋势及地质灾害影响范围。

5.1.4 地质灾害地下变形监测应充分利用已有地下硐室,可采用硐室内钻孔进行,必要时可采用新建地下硐室进行监测。

5.1.5 对于可能引起地质灾害的地下构筑物施工,宜预先埋设监测设施。

5.2 滑坡监测

5.2.1 应根据对滑坡灾害防治的要求、监测分级、滑坡几何边界条件和滑坡的地质构造、形成机制、变形特征等确定滑坡地下变形监测方案,监测滑坡的变形量与变形方向,掌握其时空动态和发展趋势,满足预测预报需要。

5.2.2 硐室内监测孔应与地表变形监测剖面及稳定性分析剖面一致,且应布设在滑动变形量或变形速率较大部位,穿越滑动面到达稳定地层。

5.2.3 滑坡地下变形监测项目按表3选择。

5.2.4 对于特大型及以上的滑坡,宜结合治理工程,专门开掘地下硐室开展地下变形监测。滑坡规模分类参见《地质灾害分类分级标准》(DZ/T 0238)。

表3 滑坡地下变形监测项目

监测项目	监测级别		
	一级	二级	三级
地下水平位移	必测	必测	选测
地下垂向位移	必测	必测	选测
地下收敛变形	必测	必测	选测
地下结构面变形	必测	选测	选测
硐轴变形	选测	选测	选测
钻孔轴向变形	必测	选测	选测
钻孔侧向变形	必测	选测	选测

5.3 地面塌陷监测

5.3.1 对受地面塌陷影响的已有地下构筑物，如矿山井筒与巷道、交通隧道、水电硐室、城市地下管廊等，应根据地面塌陷的产生原因、变形特征、分布范围以及对周边影响程度等确定地下变形监测方案。

5.3.2 测点的布设应满足预测地面塌陷的发展趋势和评价地下构筑物的稳定性的要求。

5.3.3 地下变形的测点布置应符合以下规定：
  a) 在地下构筑物中，布设测点宜涵盖陷坑水平投影范围；
  b) 根据需要在地下构筑物中布设钻孔，进行深部位移和离层监测。

5.3.4 地面塌陷地下变形监测项目可按表4选择。

表4 地面塌陷地下变形监测项目

监测项目	监测级别		
	一级	二级	三级
地下水平位移	必测	必测	选测
地下垂向位移	必测	必测	选测
地下收敛变形	必测	必测	选测
地下结构面变形	必测	选测	选测
硐轴变形	必测	选测	选测
钻孔轴向变形	必测	选测	选测
钻孔侧向变形	必测	选测	选测

5.4 地面沉降监测

5.4.1 对受地面沉降影响的已有地下构筑物，如城市地下管廊、地铁隧道等，应根据地面沉降的空间分布特征、活动规律、形成机理（地下水位变化、地下水年开采量等）以及对周边影响程度等确定地下变形监测方案。

5.4.2 测点布设宜充分考虑地下构筑物的空间分布,其范围涵盖地面沉降影响区。

5.4.3 地面沉降地下变形监测项目应按表5确定。

表5 地面沉降地下变形监测项目

监测项目	监测级别		
	一级	二级	三级
地下水平位移	必测	必测	选测
地下垂向位移	必测	必测	选测
地下收敛变形	必测	必测	选测
地下结构面变形	必测	选测	选测
硐轴变形	必测	选测	选测
钻孔轴向变形	必测	选测	选测
钻孔侧向变形	必测	选测	选测

5.4.4 重要区域的地面沉降地下变形监测应结合地质灾害防治工程进行,必要时,可通过建设探洞或竖井开展地下变形监测。

5.5 地裂缝监测

5.5.1 对受地裂缝影响的已有地下构筑物,如矿山井筒与巷道、交通隧道、水电硐室、城市地下管廊、地铁等,应根据地裂缝的产生原因、变形特征、分布范围以及对周边影响程度等确定地下变形监测方案。

5.5.2 测点的布设应满足评价地下构筑物的稳定性和预测地裂缝的发展趋势的要求。

5.5.3 地裂缝地下变形监测项目应按表6确定。

表6 地裂缝地下变形监测项目

监测项目	监测级别		
	一级	二级	三级
地下水平位移	必测	必测	选测
地下垂向位移	必测	必测	选测
地下收敛变形	必测	必测	选测
地下结构面变形	必测	必测	必测
硐轴变形	必测	选测	选测
钻孔轴向变形	必测	选测	选测
钻孔侧向变形	必测	选测	选测

6 监测方法

6.1 一般规定

6.1.1 地质灾害地下变形监测方法的选择应根据监测对象、监测内容、场地条件和方法适用性等因素综合确定,监测方法应简单易行。

6.1.2 对同一监测方法,监测时应符合下列规定:
   a) 使用同一型号监测仪器和设备;
   b) 固定监测人员;
   c) 在基本相同的环境和条件下工作;
   d) 采用相同的观测路线和观测方法;
   e) 记录相关的环境参数,包括温度、大气压等;
   f) 采用统一基准处理数据。

6.1.3 当出现以下情形时,应优先考虑采用自动化监测手段:
   a) 安全风险较大的周边环境;
   b) 工程关键部位;
   c) 采用传统的仪器监测方法难以实施;
   d) 存在现场监测作业人员的人身安全问题。

6.1.4 应用工程监测新技术、新方法前,应与传统方法进行对比,且监测精度应符合本规程的规定。

6.2 地下水平位移

6.2.1 地下水平位移测量宜根据现场条件选用适当的方法。当进行自动化监测时,宜采用测量机器人系列全站仪进行。仪器及测量精度要求参见附录B。

6.2.2 当采用导线法和极坐标法时,应按《工程测量规范》(GB 50026)要求布设地下水平位移监测基准网,基准网宜采用导线网和独立坐标系统,并进行一次布网。必要时,可与国家坐标系统联测。

6.2.3 地下水平位移基准点的布设,应符合下列规定:
   a) 基准点宜采用有强制归心装置的观测墩,对中误差最大不应超过0.1 mm。观测墩的制作和埋设,应符合GB 50026要求。
   b) 相邻点之间应通视良好、观测方便,不受障碍物、旁折光等影响。
   c) 宜布设在地下构筑物的出入口附近或内部的稳定位置。
   d) 基准点的设置应便于长期保存、扩展和寻找。

6.2.4 地下水平位移观测点的布设,应符合下列规定:
   a) 应布设在变形比较敏感的位置;
   b) 地下构筑物上的观测点,可采用墙上标志或其他标志;
   c) 各种标志的型式及埋设,应根据点位条件和观测要求设计确定。

6.2.5 导线法的主要技术要求:
   a) 各条导线应均匀分布于整个区域,每个环形控制面积应尽可能均匀;
   b) 各条导线尽可能布成直伸导线,导线网应构成互相联系的环形,构成严密平差图形;
   c) 角度观测采用全圆测回法进行,各级导线网的测回数及测量限差与方格网角度观测要求相同;
   d) 边长丈量的各项要求及限差与方格网边长丈量要求相同。

6.2.6 导线法测量的基本步骤及数据处理方法参见GB 50026。

6.2.7 极坐标法的主要技术要求:
   a) 极坐标法观测宜采用双测站极坐标法,其边长采用电磁波测距仪测定;
   b) 测站应采用有强制对中装置的观测墩,变形监测点可埋设安置反光镜或觇牌的强制对中装置,或其他固定照准标志。

6.2.8 交会法、视准线法等其他方法参见 GB 50026。

6.3 地下垂向位移

6.3.1 地下垂向位移测量宜根据现场条件选用适当的方法。水准测量采用水准仪进行,三角高程测量采用全站仪进行,液体静力水准测量采用静力水准仪进行,土体分层沉降可采用分层标进行。当采用自动化监测时,宜采用静力水准仪进行。仪器及测量精度要求参见附录B。

6.3.2 采用水准测量时应布设地下垂向位移监测基准网,其要求如下:
    a) 地下垂向位移监测基准网应布设成环形网,并采用二等水准测量方法观测。
    b) 起始点高程宜采用测区原有高程系统。较小规模的监测工程,可采用假定高程系统;较大规模的监测工程,宜与国家水准点联测。
    c) 地下垂向位移监测基准网的主要技术要求应符合 GB 50026 的规定。

6.3.3 地下垂向位移基准点的布设,应符合下列规定:
    a) 基准点个数不少于 3 个,应布设在地下构筑物的出入口附近不受沉降影响的区域,以及变形稳定的硐室横洞内。
    b) 基准点标志及标石的埋设规格可根据现场条件和工程需要,按 GB 50026 相关要求进行选择。
    c) 标志布设位置应满足:
        1) 基准点标石埋设在变形区以外稳定的原状土层内;
        2) 将标志镶嵌在裸露的基岩上;
        3) 利用稳固的地下构筑物设立。
    d) 基准点位应便于寻找、保存和引测。
    e) 水准观测应在基准点标石埋设稳定后进行。

6.3.4 地下垂向位移观测点的布设,应符合下列规定:
    a) 能够反映地下构筑物变形特征;
    b) 标志应稳固、明显、结构合理,不影响地下构筑物的美观和使用;
    c) 点位应避开障碍物,便于观测和长期保存;
    d) 分层沉降观测标志的埋设应采用钻孔法。

6.3.5 水准测量的主要技术要求:
    a) 水准仪安置在前视、后视距离大致相等之处,视线距离要小于 100 m。
    b) 当已知高程的水准点距欲测高程点较远或高差较大,安置一次仪器不能测得两点间的高差时,应在两点间加设若干个转点,连续进行观测。转点应选择在稳固的地点。
    c) 读数前应消除视差。
    d) 后视完毕转向前视,应注意观察气泡是否偏离了分划圈,但不能移动脚螺旋。
    e) 为及时发现观测中的错误,宜采用"两次仪器高法"或"双面尺法"。

6.3.6 水准测量的基本步骤及数据处理方法参见 GB 50026。

6.3.7 分层标监测点的安装埋设应符合本规程附录 C.1 的规定,测孔埋设完毕后,至少应在 5 d 之后进行观测。

6.3.8 分层沉降观测方法:用水准仪测出保护管口高程,并用探头自上而下依次逐点测定管内各磁环至管顶距离,换算出相应各观测点的高程。

6.3.9 电磁波测距三角高程测量法、液体静力水准测量法等其他方法参见 GB 50026。

6.4 地下收敛变形

6.4.1 监测设备应根据预计位移量的大小进行选择。位移较小或精度要求较高时,宜采用收敛计;硐室断面较大时,宜采用全站仪或激光断面仪。当进行自动化监测时,宜采用测量机器人系列全站仪。仪器及测量精度要求参见附录 B。

6.4.2 地下收敛变形测线可按三角形、"十"字形或交叉形等布置。易于校核量测的数据,宜采用三角形布置。底部施工已基本完成的硐室,宜采用"十"字形布置。硐室顶部布有施工设备,可采用交叉形布置。硐室断面较大时,可设置多个三角形进行量测。

6.4.3 采用收敛计观测地下收敛变形的步骤及具体要求为:
   a) 在测点处牢固地埋设预埋件,预埋件长度根据需要加工,连接件与预埋件的连接应使销钉孔方向铅直。
   b) 检查预埋测点有无损坏、松动。
   c) 打开收敛计钢尺摇把,拉出尺头挂钩放入测点孔内,将收敛计拉至另一测点,并将尺架挂钩挂入测点孔内,选择合适的尺孔,插入尺孔销与联尺架固定。
   d) 调整调节螺母,仔细观察,使塑料窗口上的刻线对在张力窗口内标尺上的两条白线之间(每次应一致)。
   e) 记下钢尺在联尺架端时的基线长度与数显读数。为提高量测精度,每次基线应重复测 3 次取平均值。当 3 次读数极差大于 0.05 mm 时,应重新测试。
   f) 测试过程中,若数显读数已超过 25 mm,则应将钢尺收拢(换尺孔)25 mm 重新测试,两组平均值相减,即为两尺孔的实际间距,以消除钢尺冲孔距离不精确造成的测量误差。
   g) 记录数据、时间、温度、尺孔位置和测点编号。
   h) 一条测线测完后,应及时逆时针转动调节螺母,摘下收敛计,打开尺卡收拢钢带尺,为下一次使用做好准备。

6.4.4 采用全站仪观测地下收敛变形的步骤及具体要求为:
   a) 确定监测断面的测点布设形式,收敛点应尽量对称布设,保证"同面等高",拱顶下沉测点及净空水平收敛测点应布设在同一断面;
   b) 在测点布设处,宜采用带肋钢筋焊接的钢板,再在其表面粘贴反射膜片,以此作为测点标靶;
   c) 将全站仪置于适当位置观测若干的方向和距离,通过坐标变换算出该测点上仪器中心的坐标;
   d) 对被测目标点进行观测,获取其空间位置信息,由站心坐标计算出被测点的空间三维坐标;
   e) 利用各监测点的空间三维坐标,计算得到同一断面上各测点间相对位置关系;
   f) 通过比较不同监测周期相同测点间相对位置关系的差异,来计算围岩净空收敛量。

6.4.5 采用激光断面仪观测地下收敛变形的步骤及具体要求为:
   a) 安置三角架,使其顶部水平且中心对准下方地面上的标志点;
   b) 将测头放在三角架的顶上,固定,将测量电缆与电脑连接;
   c) 调整三角基座上的 3 个微调手柄,观察仪器上的圆水泡,使之居中,然后反复精确调整几次长水泡,使之居中;
   d) 设置好硐室断面的起始、终止测量角度及所测点数后,软件控制测头自动完成当前断面的

测量,并保存测量数据;
e) 通过比较不同时刻的断面,自动计算硐室收敛量。

6.5 地下结构面变形

6.5.1 地下结构面变形监测有简易监测法、机测法、电测法(测缝计)等。可采用测缝计实现结构面的自动化监测。

6.5.2 常用的简易监测法有如下几种:
- a) 在裂缝或滑面两侧(或上、下)设标记或埋桩,定期用钢尺等直接量测裂缝张开、闭合、位错或下沉等变形;
- b) 在裂缝上或滑带上设置骑缝式标志,如贴水泥砂浆片、玻璃片等,直接量测。

6.5.3 机测法采用机械式仪表进行地下结构面变形监测。常用的仪器有游标卡尺、塞尺等。仪器及测量精度要求参见附录B。

6.5.4 电测法利用传感器的电性特征或频率的变化表征裂缝的变化,借助二次仪表进行测试。该方法适用于集中采集数据和自动化监测。常用的仪器为测缝计(单向、三向测缝计)。仪器及测量精度要求参见附录B。

6.6 硐轴变形

6.6.1 硐轴变形可在硐室底部或顶部选择可体现硐室轴线走向空间特征的监测点,通过获取监测点的三维坐标进行推算。宜采用测量机器人系列全站仪或倒垂、正垂方法进行硐轴变形的监测。

6.6.2 硐轴变形监测网点宜包括基准点、工作基点和监测点。其布设应符合下列规定:
- a) 基准点应选在变形影响区域之外稳固可靠的位置,至少应有3个基准点。
- b) 工作基点应选在硐室里比较稳定且方便使用的位置。对大型硐室工程的硐轴变形监测工作基点宜采用带有强制归心装置的观测墩,垂直位移监测工作基点可采用钢管标。对通视条件较好的小型工程,可不设立工作基点,在基准点上直接测定变形观测点。
- c) 监测点宜布设在不发生底鼓且能反映硐轴变形特征的部位。

6.6.3 硐轴变形的三维坐标宜采用全站仪按照二等变形监测要求实施。仪器及测量精度要求参见附录B。

6.6.4 采用倒垂测量方法观测硐轴变形的步骤及具体要求为:
- a) 测量保护管有效孔径:注意避免浮体与桶壁发生碰撞,量测过程中尽量减少附近一些施工振动,以免对量测有影响;
- b) 安装锚块、灌浆:灌浆时须计量,应考虑泥浆凝固后的收缩量;
- c) 浮体组安装:浮子应位于浮桶中心,处于自由状态;
- d) 坐标仪的安装:把垂线坐标仪底板调整水平,使仪器的纵轴、横轴均平行于硐轴线纵轴、横轴坐标线;
- e) 垂线观测:观测前,检查垂线是否处在自由状态,若不在自由状态,经调整待钢丝静止后进行观测。

6.6.5 采用正垂测量方法观测硐轴变形的步骤及具体要求为:
- a) 测量保护管有效孔径:根据测量结果定出有效孔径的圆心和直径;
- b) 固定夹线装置:使夹线装置的出线口与有效孔径中心一致;
- c) 固定正垂测线:及时盖上盖板,保护夹线装置不受人为损坏和雨水影响;

d) 安装阻尼箱：将钢钢丝固定在拉杆上，把重锤放入阻尼箱中，使重锤底部距阻尼箱筒底的距离大于 5cm 以上，向阻尼箱箱内加入变压器油；
e) 安装垂线坐标仪：把垂线坐标仪底板调整水平，使仪器的纵轴、横轴平行于硐轴线纵轴、横轴坐标线；
f) 垂线观测：正垂线观测方法同倒垂线观测方法。

6.7 钻孔轴向变形

6.7.1 钻孔轴向变形常用的仪器有滑动测微计、多点位移计、离层仪等。可采用多点位移计、离层仪进行钻孔轴向变形的自动化监测。

6.7.2 采用滑动测微计观测轴向变形的要求如下：

a) 滑动测微计系统应包括测试探头、导向链、测量电缆、套管和测标、数据采集仪、操作杆等部件和标定筒。
b) 滑动测微计测试探头精度不低于 0.003 mm/m，分辨率不低于 0.001 mm/m；测试前后探头应在标定筒中进行标定，获得零点位置和率定系数值。
c) 套管宜采用聚氯乙烯（PVC）工程塑料管，直径宜为 75 mm～90 mm。测标外壳材质可用结构钢或硬塑料，外表面应有凹凸以增加与周围介质的黏结力；套管的材质和构造应利于测标随被测体一起发生位移。
d) 数据采集仪分辨率和量程应和测试探头性能指标匹配，连续正常工作时间应大于 4 h。
e) 标定筒应由铟钢制成，其锥形环可采用硬化不锈钢制成。使用标定筒后应及时将筒两端封堵。
f) 测量电缆和操作杆应有满足测试要求的抗拉强度和耐腐蚀性能。
g) 测管安装应先在地质灾害体中钻孔，放入测管后，采用注浆材料将测管浇注在岩土体中；滑动测微监测点的埋设宜符合本规程附录 C.2 的规定。
h) 测试前应检查并保证测试探头各密封圈完整无破损，连接各测试部件并确保各连接处螺丝拧紧，将探头放入测管内平衡探头与测管温度，同时测试系统开机预热，时间不宜少于 20 min。
i) 两相邻测标构成一个测试单元，测试前对各测试单元按顺序编号。测试时，旋转操作杆使探头处于测试位置，向回拉动操作杆，探头张开并使上下球形头与两测标紧密接触获得测试数据，记录测试数据和探头温度，数据可按本规程附录 D.4 格式记录。
j) 不同测次以及不同测试单元的探头温度应基本一致。同一个测试单元重复测试不宜少于 3 次，测试数据间差值对滑动测微计不大于 0.003 mm、对滑动变形计不大于 0.03 mm 视为稳定，取中间值作为测次测值。
k) 当出现连续多次测试数据不稳定，或与其他测次相比测试数据不合理时，应反复转动调整探头位置重新测量，若测试效果仍无改善，应分析原因，有条件时作出补救。
l) 每次测试完毕后应将测管孔口封闭。测试过程中若发现测孔内杂质较多，应用高压清水进行冲洗。
m) 测试资料的整理应在每次测试完成后及时进行，结合测试工况、施工进度、地质和环境条件等综合分析。

6.7.3 采用多点位移计观测轴向变形的要求如下：

a) 多点位移计精度不低于 0.03 mm/m，分辨率不低于 0.01 mm/m。

b) 监测点的埋设宜符合本规程附录C.3的规定。
c) 位移计安装埋设后，根据仪器类型和测点锚头的固定方式确定初始值的观测时机，一般应在传感器和测点固定后开始测初始值。对于采用水泥砂浆固定的锚头，埋设灌浆后24 h以上可进行初始值观测。初始值观测宜每隔30 min测1次，连续3次所读数值差小于1% F·S的平均值作为观测基准值。
d) 同一测杆重复测试不宜少于3次，观测数据间差值小于1% F·S，取中间值。数据可按本规程附录D.5格式记录。

6.7.4 采用离层仪观测轴向变形的要求如下：
a) 离层仪分为数显式和机械式两种，推荐采用数显式仪表进行观测；
b) 用 $\varPhi$20 mm 钻头在硐室顶部垂直向上打7 m～8 m深的钻孔；
c) 用安装杆将深部基点锚固器推入孔中，直至孔底，抽出安装杆后，确认锚固器已卡住，深部基点应固定在顶板以上7 m～8 m处；
d) 用安装杆推入浅部基点锚固器至2 m～3 m处，抽出安装杆后确认锚固器已固定住；
e) 记下浅部、深部的初始读数，用绳卡卡死，并截去多余钢绳；
f) 离层仪观测初值与监测值的要求参照多点位移计要求。

6.8 钻孔侧向变形

6.8.1 钻孔侧向变形可采用测斜仪进行监测。测斜仪的测量方式一般应采用活动式的，固定式的仅在实现活动式观测有困难或进行在线自动采集时采用。

6.8.2 测斜仪系统应包括测试探头、测量电缆、测管和数据采集仪。

6.8.3 测斜仪系统精度不宜低于0.25 mm/m，分辨率不宜低于0.02 mm/500 mm，电缆长度应大于测斜孔深度。

6.8.4 测斜管宜采用PVC、ABS工程塑料管或铝合金管，直径宜为45 mm～90 mm，管内应有两组相互垂直的纵向导槽。测斜管的刚度应尽量与周围介质的刚度相当。

6.8.5 采用测斜仪观测侧向变形的要求如下：
a) 测斜管埋设应符合下列规定：埋设前应检查测斜管质量，测斜管连接时应保证上下管段的导槽相互对准、顺畅，各段接头应紧密对接，管底应保证密封；测斜管埋设时应保持固定、竖直，防止发生上浮、破裂、断裂、扭转；测斜管一对导槽的方向应与所需测量的位移方向保持一致；安装完成后，测斜管与钻孔孔壁之间应回填密实。
b) 监测前，宜用清水将测斜管内冲刷干净，并采用模拟探头进行试孔检查后再使用。监测时，应将测斜仪探头放入测斜管底，静置一段时间，待稳定后，按测斜仪的操作自下而上逐段量测（测量步距按测斜仪的步距，一般为0.5 m，对于测斜管变形平缓的，可以加大测量间距，如1.0 m间隔）。
c) 每监测点均应进行正、反两次量测，并取其差值的一半作为测量段的测量值，然后将所有测量段的测量值累加，即为最终值。数据可按本规程附录D.6格式记录。
d) 测斜变形计算时，应确定固定起算点，固定起算点可设在测斜管的顶部或底部；当测斜管底部未进入稳定岩土体或已发生位移时，应以管顶为起算点，并应测量管顶的平面坐标进行水平位移修正。
e) 钻孔测斜仪监测点的埋设宜符合本规程附录C.4的规定。

7 监测频率

7.1 一般规定

监测频率的确定应能满足地质灾害稳定性评价、预测和防治的要求,确保有足够的响应时间;应考虑地质灾害类别、灾害体稳定状态、危害对象及自然条件等因素综合确定。

7.2 监测频率

7.2.1 各类地质灾害地下变形监测频率应按表7确定。

表7 地质灾害地下变形监测频率

地质灾害类型	监测级别		
	一级	二级	三级
滑坡	1次/(3~7)d	1次/(7~15)d	1次/(15~30)d
地面塌陷	1次/(3~7)d	1次/(7~15)d	1次/(15~30)d
地面沉降	1次/(7~15)d	1次/(15~30)d	1次/(30~90)d
地裂缝	1次/(7~15)d	1次/(15~30)d	1次/(30~90)d

7.2.2 地质灾害地下变形监测级别发生变化时,地质灾害的监测频率应根据7.2.1条作相应调整。

7.2.3 出现下列情况之一,应加大监测频率,宜每日1次,或每日数次,直至实时跟踪监测:
a) 监测数据达到预警值;
b) 监测数据变化较大或者速率加快;
c) 汛期、雨季或防治工程施工期;
d) 地质灾害体已有明显的临界活动或破坏迹象。

7.2.4 当监测值相对稳定时,可适当降低监测频率。

8 数据整理和成果汇交

8.1 一般规定

8.1.1 地质灾害地下变形监测完成后应提交完整的监测报告。

8.1.2 监测资料应符合下列要求:
a) 使用正式的监测记录表格;
b) 监测数据应及时整理;
c) 对监测数据的变化及发展情况应及时分析和评述。

8.1.3 手工记录的外业观测值和记事项目应直接记录于表格中,电子记录应及时保存。任何原始记录不得涂改、伪造和转抄。

8.1.4 监测数据的处理与信息反馈宜利用专门的监测资料管理分析软件,实现数据采集、处理、分析、查询和管理的一体化以及监测成果的可视化。

8.1.5 监测成果应按照要求以周报、月报、年报等形式提交。如出现7.2.3条情况时,应提交日报、警报和专题报告等。监测成果应真实、准确、完整,宜采用文字与图表相结合的形式表达。

8.1.6 监测结束，应按档案管理规定组卷归档。归档资料应包括以下内容：
   a) 委托合同；
   b) 监测方案；
   c) 监测（网）点布设资料；
   d) 原始记录；
   e) 阶段性监测报告；
   f) 监测总结报告。

8.2 数据采集和格式

8.2.1 监测数据的采集应做到及时快速、准确可靠；在经济、技术条件具备的情况下宜逐步实现监测数据采集的自动化和实时监测。

8.2.2 监测数据的采集应做好现场巡视检查记录，应做好原始数据的存档工作，记录人签字齐全并可查证。

8.2.3 每项监测工程的监测数据格式应在工程开工前统一设计，实施过程中保持一致。

8.2.4 数据格式应包括原始数据格式、成果数据格式、数据表格格式和曲线图的格式。具体表格参见附录 D。

8.3 数据处理

8.3.1 在地质灾害地下变形监测资料的数据处理分析过程中，应对原始资料进行可靠性检验和误差分析，评判原始资料的可靠性，分析误差的大小、来源和类型。

8.3.2 采用逻辑分析法进行原始观测数据的可靠性检验，要求如下：
   a) 作业方法应符合规定；
   b) 观测仪器性能应稳定、正常；
   c) 观测数据物理意义应明确合理，不超过实际物理限值和仪器限值，检验结果应在限差内；
   d) 观测数据应满足连续性、一致性、相关性原则。

8.3.3 应采用统计分析法进行原始观测数据的二次可靠性检验，宜采用"3σ"或统计检验法来剔除粗差。具体过程参见附录 E。

8.3.4 应对地下变形监测数据进行误差分析，评定监测精度。

8.3.5 监测项目数据分析应结合其他相关项目的监测数据及以往数据进行，并对其发展趋势作出预测。当监测时态曲线呈现收敛趋势时，应根据曲线形态选择合适的函数，对监测结果进行回归分析，以预测该测点可能出现的最终位移值。

8.3.6 应对监测数据异常值进行判识，监测数据出现以下情况之一，可视为异常：
   a) 监测量的变化突然加剧、变缓或逆转，不能依据已知原因作出解释；
   b) 出现超出仪器量程、安全监控标准值或数学模型预报值等情况。

8.3.7 当出现异常时，应综合分析异常原因。如确认超过安全监控标准值，应及时以口头或书面方式提出预警，必要时形成专题报告。

8.4 成果汇交

8.4.1 监测成果内容应真实、准确、完整，并应用文字阐述与图表相结合的形式表达，应按时报送。

8.4.2 地下水平位移观测应提交下列资料：

a) 基准点和观测点平面位置图；
b) 原始记录表，数据样表格式参见附录 D.1；
c) 地下水平位移成果表；
d) 地下水平位移时间和空间分布曲线图；
e) 地下水平位移变化的速率和加速度曲线图；
f) 监测分析成果。

8.4.3 地下垂向位移测量结束后，应根据工程需要，提交下列资料：
a) 基准点和观测点位置图（分层沉降需提供分层标点位置图）；
b) 原始记录表，数据样表格式参见附录 D.1；
c) 地下垂向位移成果表；
d) 地下垂向位移时间和空间分布曲线图；
e) 地下垂向位移变化的速率和加速度曲线图；
f) 监测分析成果。

8.4.4 地下收敛变形测量结束后，应根据工程需要，提交下列资料：
a) 观测断面位置图及测点布置图；
b) 原始记录表 D.2；
c) 地下收敛变形成果表；
d) 地下收敛变形时间和空间分布曲线图；
e) 地下收敛变形的速率和加速度曲线图；
f) 监测分析成果。

8.4.5 地下结构面变形测量结束后，应根据工程需要，提交下列资料：
a) 测点布置图及照片；
b) 原始记录表 D.3；
c) 地下结构面变形成果表；
d) 地下结构面变形时间和空间分布曲线图；
e) 地下结构面变形的速率和加速度曲线图；
f) 监测分析成果。

8.4.6 硐轴变形监测应提交下列资料：
a) 观测点位置图；
b) 原始记录表；
c) 各监测点的三维坐标变化值；
d) 相邻监测点之间三维相对变化的位移、转角值，硐轴的空间变位图；
e) 硐轴变形与时间的关系曲线；
f) 监测分析成果。

8.4.7 钻孔轴向变形监测应提交下列资料：
a) 测点布置图；
b) 原始记录表，数据样表格式参见附录 D.4 和 D.5；
c) 轴向各测点累计变形；
d) 钻孔轴向各测点变形与深度关系曲线；
e) 轴向典型测点的变形时间曲线；

f) 钻孔轴向变形的速率、加速度关系曲线；
g) 监测分析成果。

8.4.8 钻孔侧向变形监测应提交下列资料：
a) 观测点位置图；
b) 原始记录表，数据样表格式参见附录 D.6；
c) 侧向变形成果表；
d) 各测点累计侧向变形；
e) 钻孔各测点侧向变形与深度关系曲线；
f) 监测分析成果。

8.4.9 监测成果报告应包括工程概况、监测网点布设、监测方法与仪器设备、监测队伍组成、监测数据处理与分析、监测图件、结论与建议等。地质灾害地下变形监测成果报告提纲参见附录 F。

附 录 A
（规范性附录）
地质灾害体稳定状态评判表

A.1 滑坡稳定状态评判表

表 A.1 滑坡稳定状态评判表

判据	稳定性（发育程度）分级		
	稳定（弱发育）	欠稳定（中等发育）	不稳定（强发育）
野外特征	①滑坡前缘较缓，临空高差小，无地表径流流经和继续变形的迹象，岩土体干燥； ②滑坡平均坡度小于25°，坡面上无裂缝发展，其上建筑物、植被未有新的变形迹象； ③后缘壁上无擦痕和明显位移迹象，原有裂缝已被充填	①滑坡前缘临空，有间断季节性地表径流流经，岩土体较湿，斜坡坡度为30°～45°； ②滑坡平均坡度25°～40°，坡面上局部有小的裂缝，其上建筑物、植被未有新的变形迹象； ③后缘壁上有不明显变形迹象，后缘有断续的小裂缝发育	①滑坡前缘临空，坡度较陡且常处于地表径流流经的冲刷之下，有滑坡发展趋势并有季节性泉水出露，岩土潮湿、饱水； ②滑坡平均坡度大于40°，坡面上有多条新发展的滑坡裂缝，其上建筑物、植被有新的变形迹象； ③后缘壁上可见擦痕，有明显位移迹象，后缘有裂缝发育
稳定系数 F_s	$F_s > F_{st}$	$1.00 < F_s \leqslant F_{st}$	$F_s \leqslant 1.00$

注1：F_{st} 为滑坡稳定安全系数，根据滑坡防治工程等级及其对工程的影响综合确定。
注2：引自《地质灾害危险性评估规范》(DZ/T 0286)。

A.2 地面塌陷稳定性分级表

表 A.2 岩溶塌陷稳定性分级表

稳定状态	岩溶塌陷
稳定	①灰岩质地不纯，地下溶洞、土洞不发育； ②地面塌陷、开裂不明显； ③地表建（构）筑物无变形、开裂现象； ④上覆松散厚度大于80 m； ⑤地下水位变幅小
欠稳定	①以次纯灰岩为主，地下存在小型溶洞、土洞等； ②地面塌陷、开裂明显； ③地表建（构）筑物变形，有开裂现象； ④上覆松散厚度30 m～80 m； ⑤地下水位变幅不大
不稳定	①质纯厚层灰岩为主，地下存在中大型溶洞、土洞或有地下暗河通过； ②地面多处下陷、开裂，塌陷严重； ③地表建（构）筑物变形、开裂明显； ④上覆松散厚度小于30 m； ⑤地下水位变幅大

注：引自《地质灾害危险性评估规范》(DZ/T 0286)。

A.3 采空塌陷稳定性分级表

表 A.3 采空塌陷稳定性分级表

稳定状态	参考指标							发育特征
	地表移动指标				开采深厚比	采空区及其影响带面积占建设场地面积/%	治理工程面积占建设场地面积/%	
	下沉量 /mm·a^{-1}	倾斜 /mm·m^{-1}	水平变形 /mm·m^{-1}	地形曲率 /mm·m^{-2}				
稳定	<20	<3	<2	<0.2	>120	<3	<3	地表存在塌陷和裂缝;地表建(构)筑物变形、开裂明显
欠稳定	20～60	3～6	2～4	0.2～0.3	80～120	3～10	3～10	地表存在变形及地裂缝;地表建(构)筑物有开裂现象
不稳定	>60	>6	>4	>0.3	<80	>10	>10	地表无变形及地裂缝;地表建(构)筑物无开裂现象
注:引自《地质灾害危险性评估规范》(DZ/T 0286)。								

A.4 地面沉降稳定性分级表

表 A.4 地面沉降稳定性分级表

稳定状态	地面沉降速率/mm·a^{-1}	累计地面沉降量/mm
不稳定	>30	>800
欠稳定	10～30	300～800
稳定	0～10	0～300

注1:累计地面沉降量指自1955年至最近政府公布数据;沉降速率指近5年的平均年沉降量。
注2:引自《地质灾害危险性评估规范》(DZ/T 0286)。

A.5 地裂缝稳定性分级表

表 A.5 地裂缝稳定性分级表

稳定状态	参考指标		发育特征
	平均活动速率 v/mm·a^{-1}	地震震级 M	地裂缝发生的可能性及特征
不稳定	$v>1$	$M\geqslant 7$	有活动断裂通过,中更新世或晚更新世以来有活动,全新世以来活动强烈,地面地裂缝发育并通过拟建工程区。地表开裂明显;可见陡坎、斜坡、微斜坡、陷坑等微地貌现象;房屋裂缝明显
欠稳定	$0.1\leqslant v\leqslant 1.0$	$6\leqslant M<7$	有活动断裂通过,中更新世或晚更新世以来有活动,全新世以来活动较强烈,地面地裂缝中等发育,并从拟建工程区附近通过。地表有开裂现象;无微地貌显示;房屋有裂缝现象
稳定	$v<0.1$	$M<6$	有活动断裂通过,全新世以来有微弱活动,地面地裂缝不发育或距拟建工程区较远。地表有零星小裂缝,不明显;房屋有裂缝现象

注:引自《地质灾害危险性评估规范》(DZ/T 0286)。

附 录 B
（规范性附录）
仪器及测量精度

表 B.1 仪器及测量精度表

监测内容	监测仪器	仪器精度	监测精度	备注
地下水平位移	经纬仪、全站仪	≤1″,(1+2)ppm	二等变形监测	导线法、极坐标法、测小角法、交会法、视准线法
地下垂向位移	水准仪	0.4 mm/km	水准二等变形监测	拱顶沉降、边墙下沉、底鼓
	全站仪	≤1″,(1+2)ppm	水准三等变形监测	拱顶沉降
	磁环、分层沉降仪	2 mm	监测误差应小于3 mm	分层沉降
地下收敛变形	收敛计	分辨率0.02 mm，精度0.04 mm	监测误差应小于0.1 mm	宜采用数显收敛计
	全站仪	≤2″,(2+2)ppm	监测误差应小于3 mm	
	激光断面仪	≤2″,(2+2)ppm	监测误差应小于3 mm	
地下结构面变形	游标卡尺、塞尺	0.02 mm	监测误差应小于0.04 mm	
	测缝计	≤1.0%F·S		
	三向测缝计	≤1.0%F·S		
	水准仪	0.4 mm/km	二等水准测量	大变形可用卷尺
硐轴变形	经纬仪、全站仪	≤1″,(1+2)ppm	二等变形监测	监测三维坐标
钻孔轴向变形	滑动测微计	分辨率0.001 mm/m，精度0.003 mm/m	0.01 mm/m	
	多点位移计	分辨率0.01 mm，精度0.03 mm	0.05 mm	
	离层仪	≤1.0%F·S	监测误差应小于0.05 mm	
钻孔侧向变形	钻孔测斜仪	分辨率0.02 mm/500mm，精度0.25mm/m	监测误差应小于0.25 mm/m	

附　录　C
（规范性附录）
监测点安装埋设技术要求

C.1　分层标监测点安装埋设技术要求

C.1.1　一般要求

a) 土体分层沉降监测点宜采用埋设分层沉降管、管外套磁环的形式（图 C.1），分层沉降管内径宜为 59 mm，外径宜为 71 mm。

b) 钻孔孔径应在 90 mm～100 mm 之间，以保证磁环与钻孔间良好的相互作用。

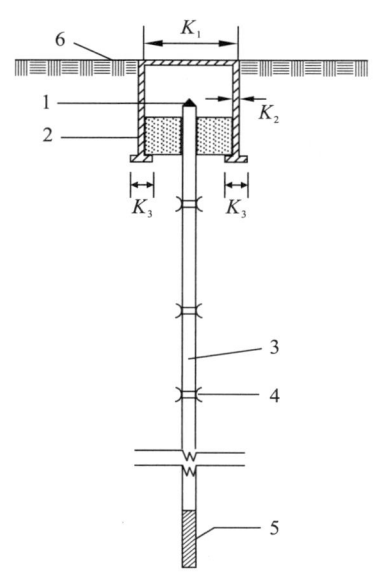

图 C.1　分层标监测示意图

1.分层沉降保护管；2.保护井；3.分层沉降管；4.磁环；5.分层沉降管底封堵端；
6.地表；K_1.保护井盖直径；K_2.保护井井壁厚度；K_3.井底垫圈宽度

C.1.2　沉降管安装埋设技术要求

a) 沉降管一般采用 PVC 塑料管，管径根据磁环内径确定，比磁环内径略小。

b) 分层沉降管口部位宜采用钢套管保护，管底应进行封堵。

c) 沉降管用外接头和胶水连接，接头处密封不透水；管底用闷盖和胶水密封，外面用土工布绑扎。

d) 按照设计要求在预定位置套上磁环，磁环用定位环固定在沉降管上。

e) 预先钻孔，遇到破碎的地层，应下套管或用泥浆护壁。

f) 将装配好的沉降管放入钻孔中，需用力将沉降管压到孔底。确认到孔底后，开始回填。回填料应与钻孔周围地层一致，回填过程中可适当加水，迫使磁环上的三角爪外张插进地层中。

 g) 回填速度宜缓慢，回填应密实、不留空隙。隔一两天后再去检查一下，若填料下沉需再次填满。

 h) 填满后在管子周围加上保护措施，且孔口必须严格密封防止进水。

C.2 滑动测微计监测点安装埋设技术要求

C.2.1 一般要求

 a) 滑动测微计监测点宜采用钻孔埋设测管的形式，测管由套管和测标连接而成（图C.2），测标与周围岩土体紧密接触，与周围岩土体一起发生位移。

 b) 测管最大外径宜为75 mm，管口部位宜采用钢套管保护，管底应进行封堵，测管宜采用分段连接绑扎形式，宜每1 m绑扎1次。

 c) 测管埋设时应保证测标与套管方向一致。

C.2.2 钻孔技术要求

 a) 钻孔孔径应在110 mm～130 mm之间。

 b) 钻孔深度应大于监测深度1 m～2 m。

 c) 钻孔轴线每100 m累计偏斜度不宜超过1°。

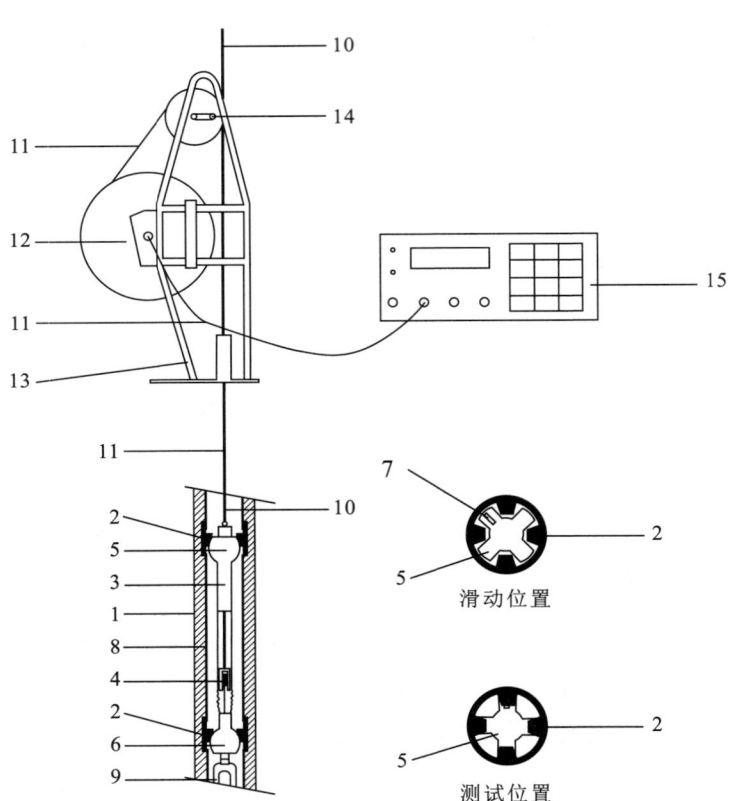

图C.2 滑动测微计监测示意图

1.被测体；2.测标；3.测试探头；4.线性位移传感器；5.上球形头；6.下球形头；7.探头方向槽；8.套管；9.导向链；10.操作杆；11.测量电缆；12.绞缆盘；13.电缆绞车；14.绞车操作手柄/制动；15.数据采集仪

C.2.3 测管安装埋设技术要求

a) 测管安装前应对套管和测标逐一检查,对异常的套管和测标应放弃使用,对内侧有污垢和灰尘的套管和测标应擦拭干净。

b) 测管在埋入被测试体前应进行预连接,预连接长度视埋设时空间大小决定,且不宜超过3 m。

c) 测管的底部应有底盖封堵,顶部有顶盖保护,防止杂物进入。

d) 套管与测标的连接处应有防水措施。

e) 按次序连接测管并送入钻孔中,送进时平稳用力,严禁转动测管。

f) 从上至下放置测管时,应采取防止测管拉脱的措施。宜在测管中注入清水,以减少浮力对测管安装工作的影响。

g) 安装时可在钻孔底测管外绑扎绳索,以便在测管安装错误时取出测管。

h) 测管全部送入钻孔后,应采用测试探头或模型探头试测,检验测管是否连接无误。

i) 检查无误后,封闭孔口,浇注孔口混凝土保护墩等保护装置,保护装置初凝后进行测管浇注;浆液凝固产生空洞时应补灌。

j) 测管浇注宜采用流动性好,凝固后力学参数和岩体相近的注浆材料(填充材料)将测管浇筑在岩体当中,养护后注浆材料(填充材料)的弹性模量宜不小于套管的综合弹性模量。

k) 测管安装埋设后,应填写安装记录。

C.3 多点位移计监测点安装埋设技术要求

C.3.1 一般要求

a) 多点位移计监测点宜采用在钻孔不同深度处埋设测点(锚头)的形式,当各个锚固点的岩土体产生位移时,经传递杆传至钻孔的基准端,各点位移量宜在基准端进行量测。

b) 孔内测点(锚头)应紧密锚固,并与周围岩土体一起发生位移(图C.3);孔内最深的测点应位于不动层中。

C.3.2 钻孔技术要求

a) 钻孔孔径应在 110 mm~130 mm 之间。

b) 钻孔深度应大于监测深度 0.5 m~1 m。

c) 钻孔轴线每 50 m 累计偏斜度不宜超过 2°。

C.3.3 位移计安装埋设技术要求

a) 组装后的位移计经检测合格后,整体送入孔内,入孔速度应缓慢。如遇长测杆(长度大于 6 m),可分段置入、孔口连接。

b) 全部测杆完全送入孔中,测杆束上端面尽量处于同一平面内,并距扩孔底面以下约 5 cm,测杆护管比测杆短约 15 cm。

c) 位移计入孔后,固定安装基座,在固定基座与保护管的连接处涂抹 PVC 胶黏剂,然后把它嵌入与套管管口平齐,直到胶黏剂固化为止。

d) 在固定安装基座时,排气管从基座旁边引出,排气管应伸进钻孔内 0.5 m~1 m,孔外预留长度 2 m~3 m。

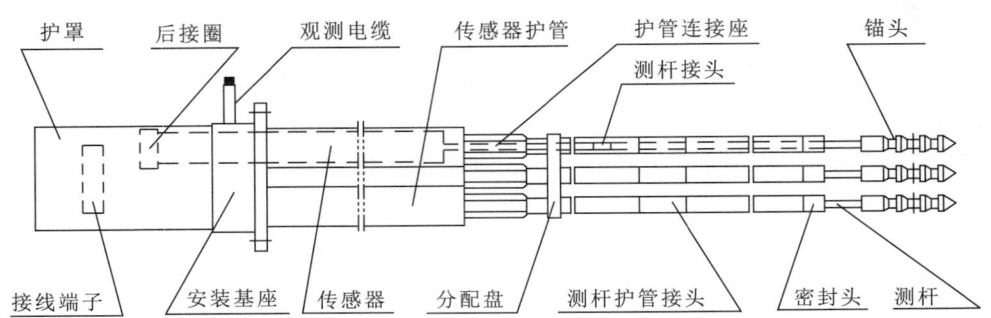

图 C.3 多点位移计监测示意图

e) 将孔口部位的测头组件与钻孔之间的间隙用速凝水泥回填并尽可能使其密实,待封孔水泥初凝后可开始灌浆。灌浆前,要将管路用泵打入水以降低摩擦。

f) 灌浆结束 24 h 后,打开基座保护罩,将传感器安装固定到基座传感器固定杆上,同时记录下每支传感器的出厂编号以及对应的测杆编号和测深位置。

g) 用配套频率读数仪逐一测读各支传感器并做好记录,若全部测读正常,在保护罩的电缆出口处安装好橡胶保护套,将全部测点传感器的信号电缆集成一束从橡胶护套中沿保护罩由内向外穿出,最后安装上保护罩。

C.4 钻孔测斜仪监测点安装埋设技术要求

C.4.1 一般要求

a) 钻孔测斜仪监测点宜采用埋设测斜管的形式,测斜管内径宜为 59 mm,外径宜为 71 mm,测斜管管口部位宜采用钢套管保护,管底应进行封堵(图 C.4)。

b) 测斜管宜采用 PVC、ABS 塑料,玻璃纤维或铝合金等材料加工而成,管内壁开有双向互成 90°的导槽。

c) 长期监测宜用铝合金测斜管,临时性监测可用塑料测斜管。

C.4.2 测斜管安装埋设技术要求

a) 测斜管安装前要检查测斜管是否平直,两端是否平整,内壁应平整圆滑,导槽不得有裂纹结瘤。按埋设长度要求在现场将测斜管逐根进行标记预接。

b) 安装时测斜管的对接处导槽必须对准,并套上管接头。使用铝合金测斜管时在其周围对称地钻 4 个孔以便铆接,铆接测斜管接头应避开导槽,在管接头与测斜管接缝处用胶泥填塞,再用防水胶带缠紧。

c) 测斜管底端加底盖并用胶带缠紧密封,以防止注浆液渗入管内。安装后测斜管全长的垂直偏差应小于等于 2°。

d) 测斜管宜采用分段连接绑扎形式,并宜每 2 m 绑扎 1 次。埋设时应保证测斜管的一对导向槽与可能发生位移的方向一致。测斜管应保证下放到设计孔深。用承重吊绳、绞车、套管夹等装置,起吊对接好的测斜管,缓慢地放入测孔内,确认下放到孔底后,才能松开起吊装置。

e) 钻孔内有地下水时,要在测斜管内注清水,避免测斜管被水浮起而无法下放。

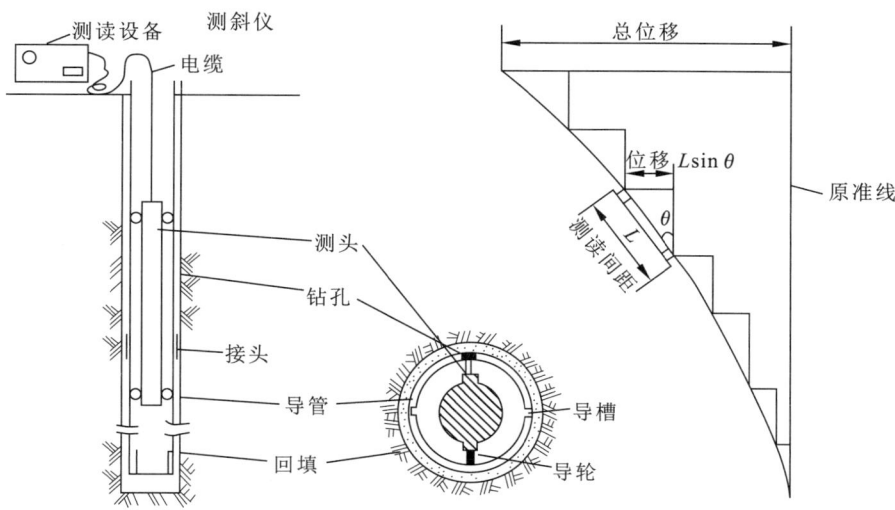

图 C.4 钻孔倾斜仪监测示意图

f) 检查记录下放到孔底的每一测斜管接头的深度和测斜管导槽的方向,使其中一对导槽的方向与预计的变形方向保持一致,并用罗盘或其他测量仪器校对准确。
g) 模拟探头放入测斜管并沿导槽检查,确认导槽畅通无阻后,才能固定测斜管。为防止浆液或其他杂物掉入测斜管内,应在测斜管上端加盖封口。
h) 用灌浆法将测斜管牢固地固定在钻孔中,应事先进行试验确定水灰等物配合比,使得水泥浆凝固后的变形性质、弹性模量与钻孔周围岩土体相近。
i) 用灌浆法将测斜管牢固地固定在钻孔中,不能出现晃动和转动,并量测测斜管导槽方位、管口坐标及高程。
j) 对安装埋设过程中发生的问题要做详细记录。

附 录 D
（资料性附录）
监测数据样表

D.1 地下水平位移和地下垂向位移监测日报表样表

（　　　）监测日报表
第　　次

监测工程名称：　　　　　　　　　报表编号：　　　　　　　　　天气：
观测者：　　　　　　　　　　　　计算者：　　　　　　　　　　　测试日期：　年　月　日　时

点号	地下水平位移量/mm				备注	地下垂向位移量/mm				备注
	本次测试值	单次变化	累计变化量	变化速率		本次测试值	单次变化	累计变化量	变化速率	
说明	1.所填写数据正负号的物理意义； 2.测点损坏的状况（如被压、被毁）； 3.备注中注明该测点数据正常或超限状况				测点布置示意图					
工况										

D.2 地下收敛变形监测日报表样表

（　　　）监测日报表
第　　次

监测工程名称：　　　　　　　　　报表编号：　　　　　　　　　天气：
观测者：　　　　　　　　　　　　计算者：　　　　　　　　　　　测试日期：　年　月　日　时

仪器型号：			仪器出厂编号：				检定日期：			
监测点号	初始值/mm	上次监测值/mm	本次监测值/mm	本次变化量/mm	变化速率/mm·d^{-1}	控制值		预警等级	备注	
						累计变化值/mm	变化速率值/mm·d^{-1}			
监测结论及建议：										

T/CAGHP 046—2018

D.3 地下结构面变形监测数据表格

监测工程地点、名称：		监测点号：
仪器编号：		监测时间：

时间	长度/cm	宽度/mm

D.4 滑动测微计监测数据表格

工程名称：		测试时间：	
测管编号：		测试工况：	
其他信息：			

测试单元编号	进程		回程	
	测值/mm	温度/℃	测值/mm	温度/℃
备注：				

测试：　　　　　　　　　　　记录：　　　　　　　　　　　审核：

D.5 多点位移计监测数据表格

D.5.1 多点位移计原始数据表格

监测工程地点、名称：		监测孔号：	
仪器编号：		监测时间：	
锚固点1测值/mm	锚固点2测值/mm	锚固点3测值/mm	锚固点4测值/mm

测试：　　　　　　　　　　　记录：　　　　　　　　　　　审核：

D.5.2 多点位移计结果数据表格

监测工程地点、名称：		监测孔号：	
仪器编号：		监测时间：	
锚固点号	传感器测值/mm	锚固点初始值/mm	锚固点位移/mm

测试：　　　　　　　　　　　记录：　　　　　　　　　　　审核：

D.6 钻孔测斜仪监测数据表格

D.6.1 钻孔测斜仪原始数据表格

监测工程地点、名称：			监测孔号：		
仪器编号：			监测时间：		
测点号	深度/m	A+/mm	A−/mm	B+/mm	B−/mm

D.6.2 钻孔测斜仪结果数据表格

监测工程地点、名称：			监测孔号：			
仪器编号：			监测时间：			
测点号	A变化/mm	A累积/mm	B变化/mm	B累积/mm	水平位移/mm	位移方向

附 录 E
（资料性附录）
观测数据二次检验的统计分析方法

E.1 "3σ"法

对于观测数据序列 $\{x_1, x_2, \cdots, x_n\}$，设连续 3 次观测值分别为 x_{i-1}, x_i, x_{i+1}，描述该序列数据的变化特征为

$$d_i = 2x_i - (x_{i+1} + x_{i-1}) \quad (i = 2, 3, 4, \cdots, n-1) \quad \cdots\cdots\cdots\cdots (E.1)$$

这样，由 n 个观测数据可得 $n-2$ 个 d_i。这时，由 d_i 值可计算序列数据变化的统计均值 $\bar{d}$ 和均方差 $\hat{\sigma}_d$

$$\bar{d} = \sum_{i=2}^{n-1} \frac{d_i}{n-2} \quad \cdots\cdots\cdots\cdots (E.2)$$

$$\hat{\sigma}_d = \sqrt{\sum_{i=2}^{n-1} \frac{(d_i - \bar{d})^2}{n-3}} \quad \cdots\cdots\cdots\cdots (E.3)$$

根据 d_i 偏差的绝对值与均方差的比值

$$q_i = \frac{|d_i - \bar{d}|}{\hat{\sigma}_d} \quad \cdots\cdots\cdots\cdots (E.4)$$

当 $q_i > 3$ 时，该值予以舍弃。

E.2 统计检验法

由于观测值中往往存在粗差、偶然误差，为检验观测值中是否存在较大误差（超限误差），需采用统计检验的方式。在实际工作中，超限误差检验步骤为：

a) 对变形监测各周期观测值分别进行经典平差（适用于全站仪、经纬仪、水准仪的数据处理），求得未知数向量 $\boldsymbol{X}$ 及其协因数阵 $\boldsymbol{Q_{xx}}$，由此计算

$$\boldsymbol{V} = \boldsymbol{AQ_{xx}A^{\mathrm{T}}Pl} - \boldsymbol{l} \quad \cdots\cdots\cdots\cdots (E.5)$$

得到 $\boldsymbol{V}^{\mathrm{T}}\boldsymbol{PV}$，利用式 $\hat{\sigma}_0^2/\sigma_0^2 \sim F(r, \infty)$，在置信水平 α 下进行超限误差的整体检验。当检验结果认为存在超限误差时，则计算

$$\boldsymbol{Q_{VV}} = (\boldsymbol{AQ_{xx}A^{\mathrm{T}}P} - \boldsymbol{I})\boldsymbol{Q_{ll}}(\boldsymbol{AQ_{xx}A^{\mathrm{T}}P} - \boldsymbol{I})^{\mathrm{T}} = \boldsymbol{Q_{ll}} - \boldsymbol{AQ_{xx}A^{\mathrm{T}}} \quad \cdots\cdots (E.6)$$

式中：
$\boldsymbol{V}$——改正数；
$\boldsymbol{P}$——观测值权阵；
$\boldsymbol{A}$——系数矩阵；
$\boldsymbol{Q_{xx}}$——协因数阵；
$\boldsymbol{l}$——观测值向量；

b) 利用向量 $\boldsymbol{V}$ 中元素与矩阵 $\boldsymbol{Q_{VV}}$ 主对角线上相应元素计算 $|v_i|/\sqrt{q_{v_iv_i}}$，并取 $\max(|v_i|/\sqrt{q_{v_iv_i}})$ 相应的观测值（设为 l_k）作为可能伴随有超限误差的观测值。

c) 利用 B 检验法或 τ 检验法、t 检验法对原假设进行统计检验。当原假设被接受，则认为检测网

观测值中未包含有超限误差；否则，观测值 l_k 被认为受到超限误差影响，应予以剔除。

d) 在原假设被拒绝时，剔除观测值 l_k，重复步骤 a)～b)，直到没有超限误差存在的可能（即接受原假设）。

(1) B 检验法（u 检验法）。利用 u 检验法对原假设 H_0（第 i 个观测值 l_i 不伴随有超限误差）进行检验。为此，将变量 Δ_i 标准化得统计量

$$W_i = \frac{|\Delta_i| - 0}{\sigma_{\Delta_i}} = \frac{|\mathbf{e}_i^\mathrm{T} \mathbf{PV}|}{\sigma_0 (\mathbf{e}_i^\mathrm{T} \mathbf{PQ}_{VV} \mathbf{Pe}_i)^{1/2}} \quad \cdots\cdots (\mathrm{E}.7)$$

它应服从标准正态分布。

对于一般情况，观测值权阵 $\mathbf{P}$ 为对角阵，则式（E.7）可简化成

$$W_i = \frac{|v_i|}{\sigma_0 \sqrt{q_{v_i v_i}}} \quad \cdots\cdots (\mathrm{E}.8)$$

利用概率式

$$P\{W_i > u_{1-\frac{\alpha}{2}} \mid H_0\} = \alpha \quad \cdots\cdots (\mathrm{E}.9)$$

可对原假设进行统计检验，从而决定观测值 l_i 是否伴随有超限误差。

(2) τ 检验法。由于 B 检验法要求预先知道观测值的母体方差 σ_0^2，但在某些情况下，σ_0^2 无法预先知道，为此可利用剔除观测值前所求得的方差估值 $\dfrac{\mathbf{V}^\mathrm{T}\mathbf{PV}}{\gamma} = \hat{\sigma}_0^2$ 来代替 σ_0^2 组成统计量

$$\tau_i = \frac{|v_i|}{\hat{\sigma}_0 \sqrt{q_{v_i v_i}}} \quad \cdots\cdots (\mathrm{E}.10)$$

并指出在原假设观测值 l_i 不包含超限误差时，统计量服从自由度为 γ 的 τ 分布，故可用概率式

$$P\{\tau_i > \tau_{1-\frac{\alpha}{2}}(\gamma) \mid H_0\} = \alpha \quad \cdots\cdots (\mathrm{E}.11)$$

对原假设进行检验，这一检验方法通常称为 τ 检验法。

(3) t 检验法。在母体方差 σ_0^2 未知时，可利用剔除具有超限误差的观测值 l_i 后平差求得的方差估值

$$\frac{(\mathbf{V}^\mathrm{T}\mathbf{PV})^k}{\gamma - 1} = (\hat{\sigma}_0^k)^2 \quad \cdots\cdots (\mathrm{E}.12)$$

来代替 σ_0^2，此时统计量为

$$t = \frac{|v_i|}{\hat{\sigma}_0^k \sqrt{q_{v_i v_i}}} \quad \cdots\cdots (\mathrm{E}.13)$$

在原假设 H_0、观测值 l_i 不包含超限误差时，统计量 t 服从自由度为 $\gamma-1$ 的 t 分布，故可用概率式

$$P\{t > t_{1-\frac{\alpha}{2}}(\gamma-1) \mid H_0\} = \alpha \quad \cdots\cdots (\mathrm{E}.14)$$

对原假设进行检验，此法称为 t 检验法。

T/CAGHP 046—2018

附 录 F
（资料性附录）
地质灾害地下变形监测成果报告提纲

一、工程概况

应说明监测工作区的地理位置、行政区划、任务来源、自然条件、水文气象、地质条件、地质灾害类型及特征、地质灾害成因及稳定状态等。

二、监测方案

应说明监测的目的、任务、分级和对象；监测网点布设的原则、监测坐标系与大地坐标系的关系、测点布设和优化调整情况；实际监测采取的方法和频率；使用的监测仪器设备的名称、型号、相关参数；监测人员的构成情况。

1. 监测的目的、任务和工作程序。
2. 监测级别和监测对象范围。
3. 监测网点布设。
4. 监测方法和频率。
5. 仪器设备。
6. 监测队伍。

三、监测数据处理与成果分析

应说明监测数据采集的流程、遇到的问题和误差消除的方法，编制相关表格，建立相关数据库，说明资料处理的方法，绘制相应的曲线并进行时序和相关分析。

1. 监测数据采集整理。
2. 监测数据处理分析。

四、结论与建议

应明确给出监测对象（灾害体或地下构筑物）地下变形监测的评价及预测结果，根据灾害体现状及发展趋势提出建议。

五、监测成果附件

1. 工程地质平面图及剖面图。
2. 监测网点布置图。
3. 监测分析成果图。
4. 相关照片或视频资料。
5. 委托方或主管部门要求的其他图件等。